Henrietta Bacovsky
Christine Drexler

**1. Klasse
Volksschule**

ICH HAB DEN DURCHBLICK 1

Illustrationen von Katrin Wolff

Rechnen

G&G

Die Aufnahme in den Anhang zur Schulbuchliste für die 1. Schulstufe der Volksschulen im Unterrichtsgegenstand Mathematik wurde vom Bundesministerium für Unterricht, Kunst und Kultur mit BMUKK-5.001/0040-Präs.8/2010 vom 9. April 2010 empfohlen.

www.ggverlag.at

ISBN 978-3-7074-1157-7

Schulbuchnummer 150729

In der aktuell gültigen Rechtschreibung

1. Auflage 2009, Nachdruck 2012 (1,02)

Illustrationen: Katrin Wolff

Tiger auf Titelblatt und Urkunde: Elena Obermüller

Gesamtherstellung: Imprint, Ljubljana

Immer 10! Zeichne fertig!

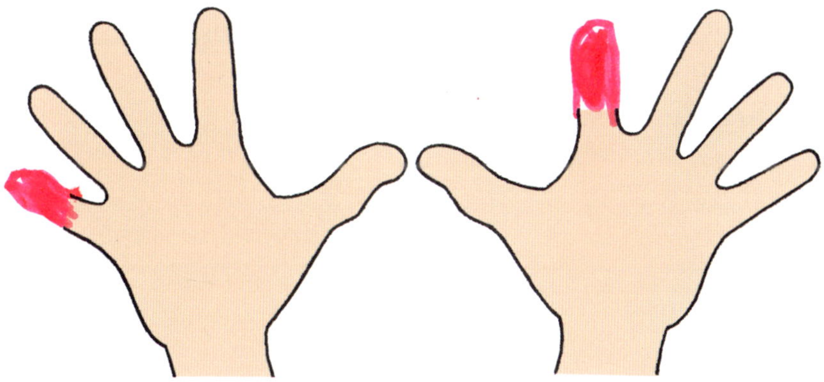

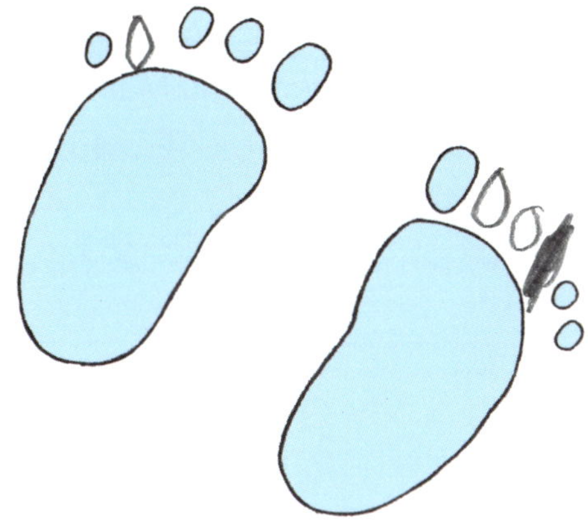

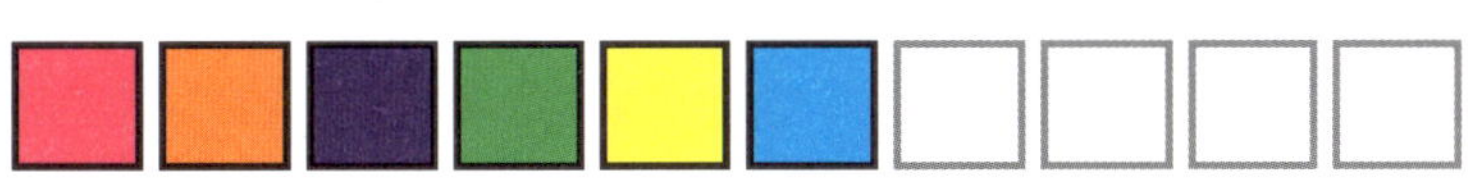

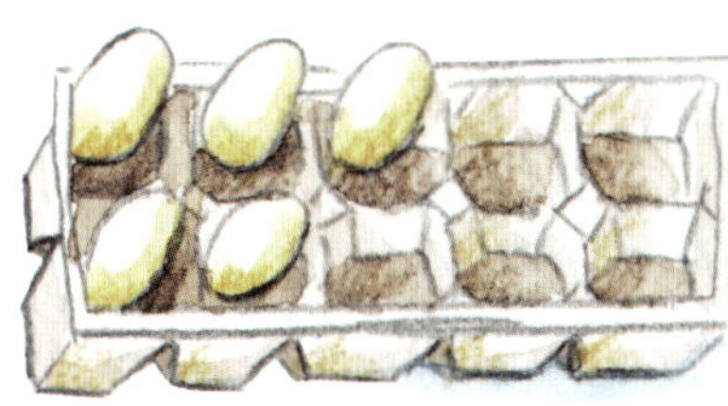

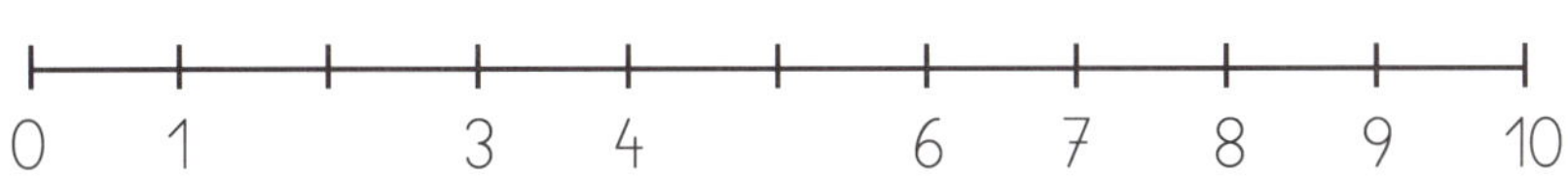

Übertrage die Zahlen 1 bis 10 in die leeren Kästchen.

Die Kinder suchen den Nachfolger. Wer kommt danach?
Schreibe den richtigen Zahlennachbarn in das leere T-Shirt.

Die Kinder suchen den Vorgänger. Wer kommt davor?
Schreibe den richtigen Zahlennachbarn in das leere T-Shirt.

Die Kinder suchen den Nachfolger. Wer kommt danach?
Schreibe den richtigen Zahlennachbarn in das leere T-Shirt.

Schreibe den richtigen Zahlennachbarn in das leere T-Shirt.

Schreibe alle Zahlennachbarn in die T-Shirts!

Die Zahl 2 kann unterschiedlich zerlegt werden.
Sieh selbst!

1 + 1 = 2   2 + 0 = 2

Zerlege die Zahl 3 selbstständig. Wie viele Punkte musst du in die leeren Hälften zeichnen, damit jeder Pilz 3 Punkte hat?

Die Zahl 4 kannst du unterschiedlich zerlegen.
Zeichne so viele Äpfel in die leere Baumhälfte,
dass auf jedem Baum 4 Äpfel sind.

Zerlege die Zahl 5 so, dass jeder Käfer 5 Punkte hat.

Suche im unteren Bild die 5 Fehler und kreise sie ein!

Zerlege die Zahl 6 so, dass auf jedem Dominostein 6 Punkte sind.

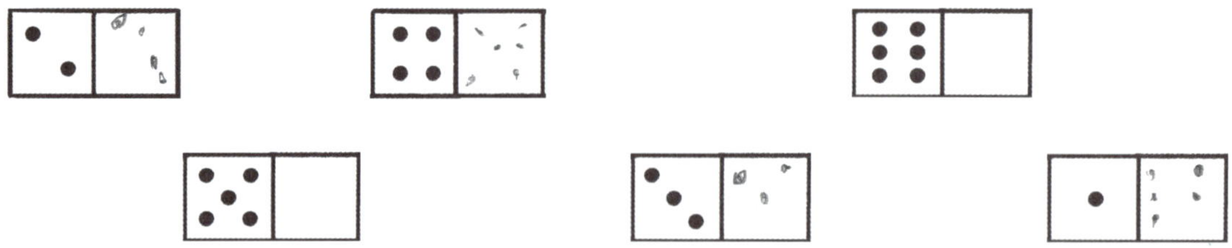

Zerlege die Zahl 7 so, dass auf jedem Kaktus 7 Stacheln sind.

Die Zahl 8 kannst du auch unterschiedlich zerlegen.
Zeichne so viele Fische auf die leere Seite im Aquarium, dass in jedem Aquarium 8 Fische sind.

Jedes Haus soll immer 9 Fenster haben.
Zeichne die fehlenden dazu!

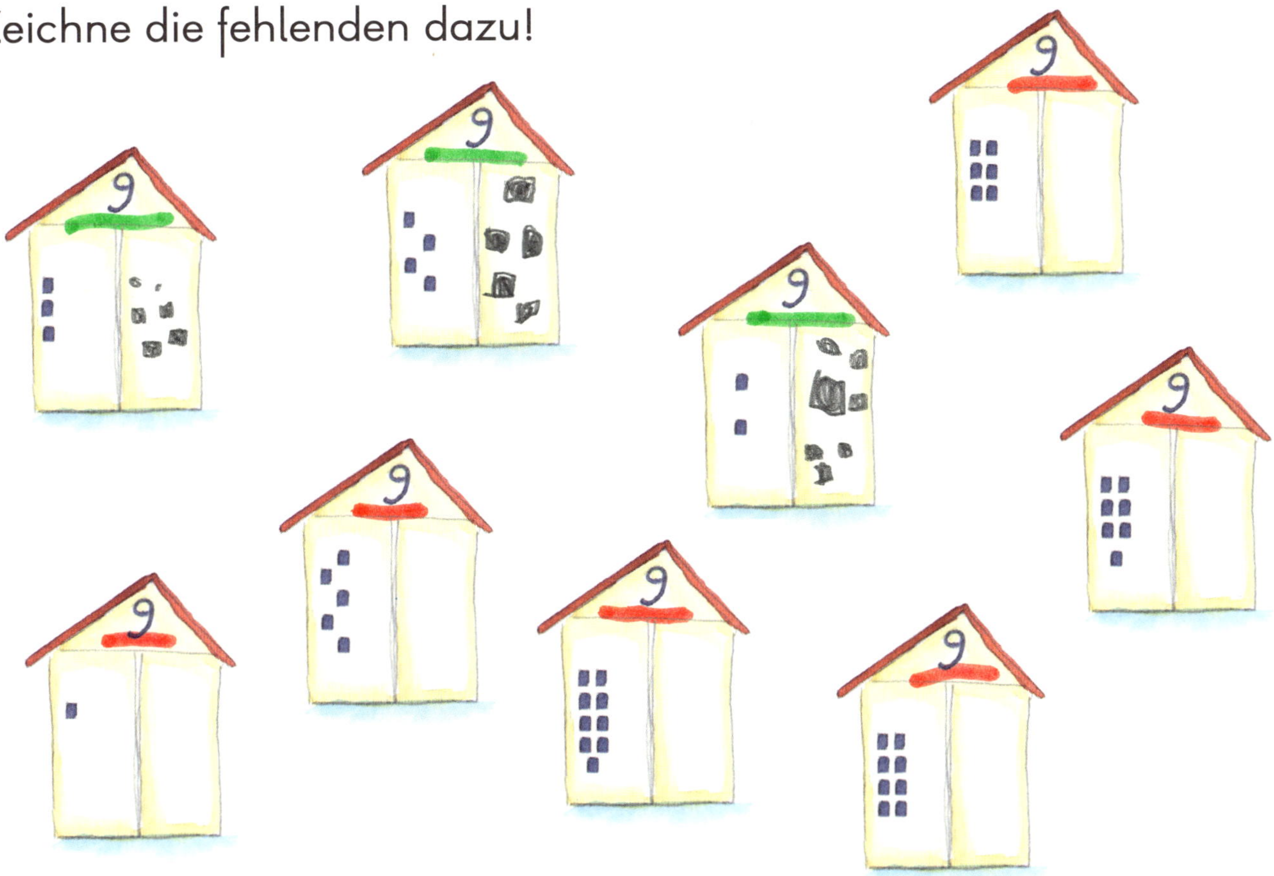

Zerlege die Zahl so, dass jeder Schmetterling 10 Punkte hat.

Erzähle die Rechengeschichte und schreibe das Ergebnis in das leere Kästchen.

3 + 1 = ☐

Zeichne die Rechnung und rechne sie aus.

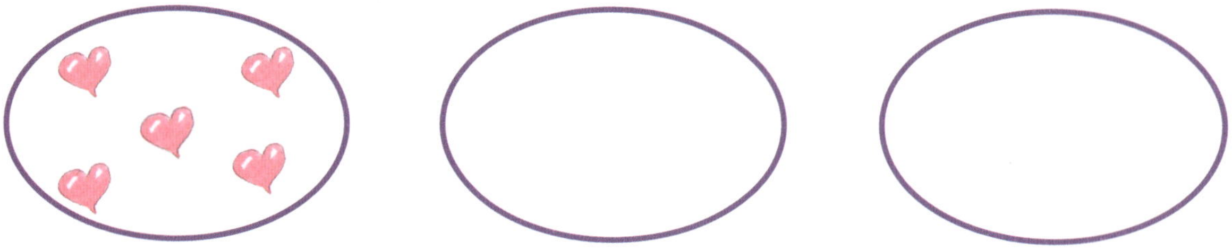

5 + 2 = ☐

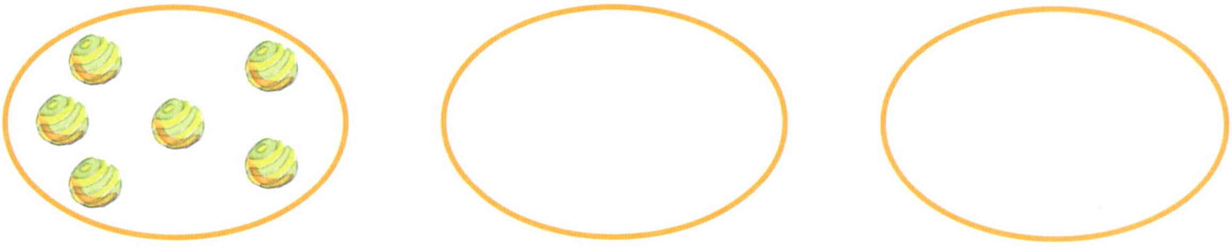

6 + 3 = ☐

Erzähle die Rechengeschichten und schreibe die Rechnungen in die leeren Kästchen.

☐ + ☐ = ☐

☐ + ☐ = ☐

Rechne und male die Perlen an!

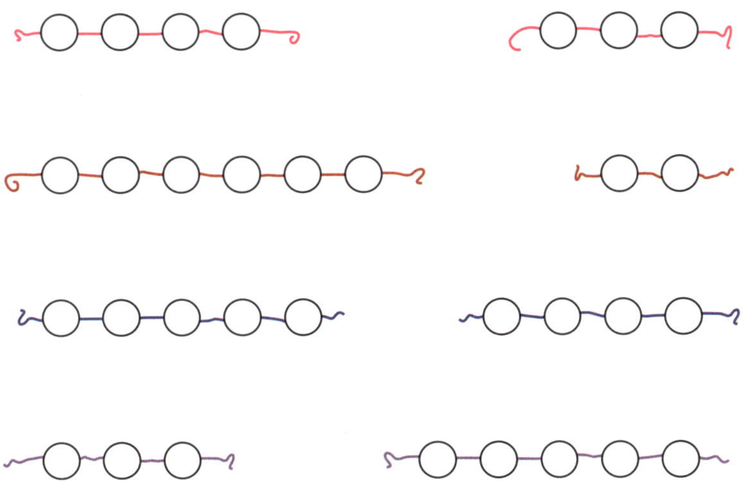

☐ + ☐ = ☐

☐ + ☐ = ☐

☐ + ☐ = ☐

☐ + ☐ = ☐

Wenn du die Rechnungen löst, kannst du den Fisch in den richtigen Farben anmalen.

5 + 4 = ☐

8 + 2 = ☐

5 + 3 = ☐

4 + 2 = ☐

1 + 4 = ☐

1 + 1 = ☐

1 + 2 = ☐

0 + 1 = ☐

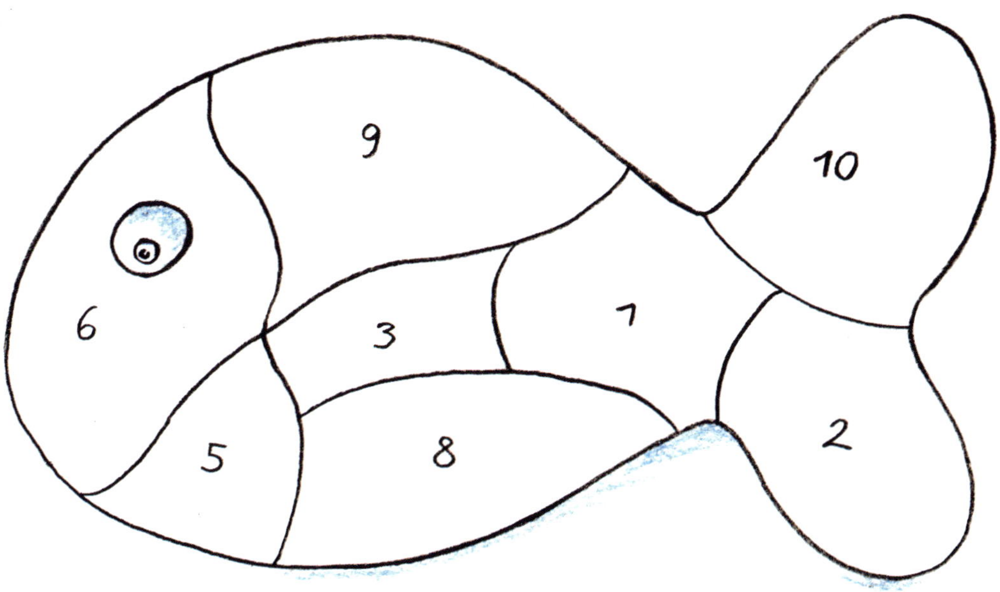

Ein Tiger verabschiedet sich und geht in die andere Richtung.
Wie viele Tiger bleiben stehen?

6 − 1 = ☐

Schau dir die Rechengeschichten genau an und löse sie!

☐ − ☐ = ☐

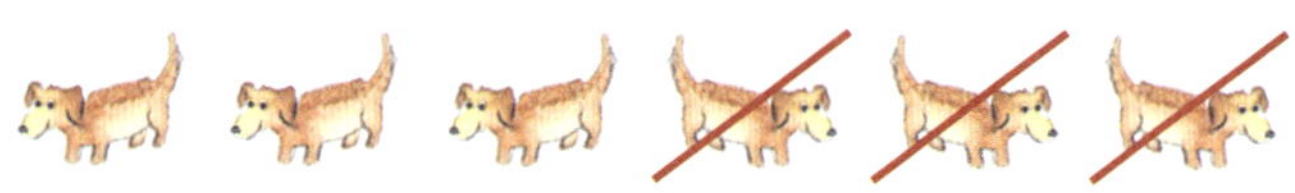

☐ − ☐ = ☐

☐ − ☐ = ☐

Erzähle die Rechengeschichten und schreibe die Rechnungen in die leeren Kästchen.

☐ − ☐ = ☐ ☐ − ☐ = ☐

Streiche immer 3 Kugeln durch! Wie viele bleiben übrig?
Male sie an!

□ − 3 = □

□ − 3 = □

□ − 3 = □

□ − 3 = □

□ − 3 = □

□ − 3 = □

□ − 3 = □

□ − 3 = □

Zähle die Würfel und streiche so viele Würfel wie angegeben durch.

□ − 2 = □

□ − 4 = □

□ − 8 = □

□ − 9 = □

□ − 6 = □

□ − 5 = □

□ − 1 = □

□ − 7 = □

Zu jedem Insekt gehört eine Blume.
Verbinde jede Rechnung mit dem passenden Ergebnis.

Schreibe die Zahlen der Reihe nach in die Kästchen unter den Kindern.

1 2 3 4 5 6 7 8 9 10

11 12 13 14 15 16 17 18 19 20

Suche den Vorgänger und schreibe ihn in das leere Kästchen.

	12		14		16
	15		19		20
	18		13		17

Schreibe den nachfolgenden Zahlennachbarn in das leere Kästchen.

10		13		12	
17		15		18	
19		11		14	

Überlege, ob der Vorgänger oder der Nachfolger fehlt!

14			11	12	
18		13			19
	12		20		15

Finde die Zahlennachbarn.

11				19	
	15				17
	18		15		

Verbinde die Zahlen 1 bis 20
und du wirst sehen,
wer sich da versteckt hat.

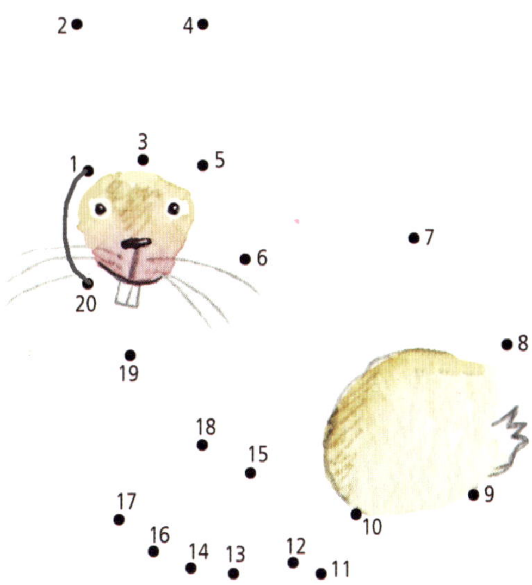

Schreibe Einer und Zehner in das Kästchen, wie es dir der Tiger zeigt.

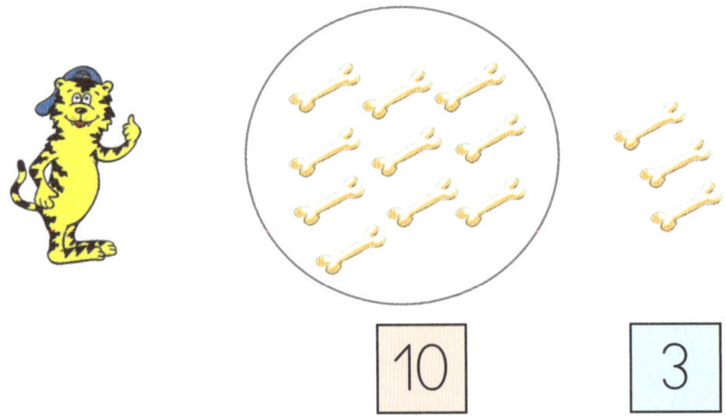

Zehner	Einer
1	3

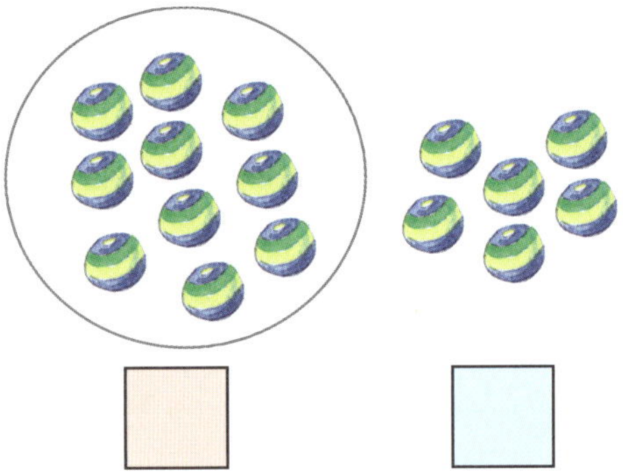

Zehner	Einer

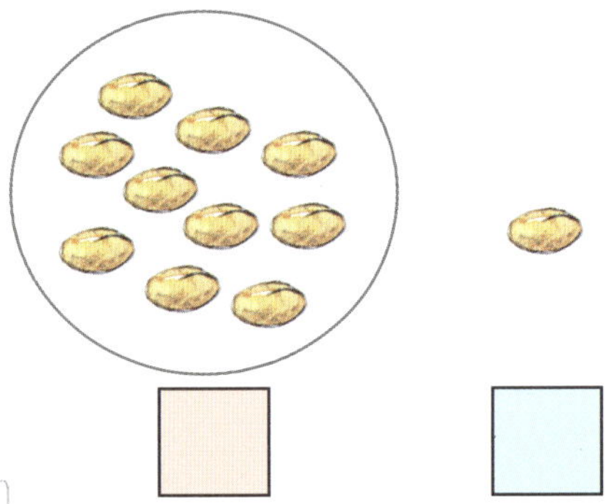

Zehner	Einer

Kreise selbstständig 10 Dinge ein und schreibe die Zahl in Zehner-Einer-Schreibweise in das Kästchen.

Zehner	Einer

Zehner	Einer

Rechne und schreibe das Ergebnis in Zehner-Einer-Schreibweise.

10 + 3 = Z E	10 + 7 = Z E
10 + 5 = Z E	10 + 4 = Z E
10 + 8 = Z E	10 + 2 = Z E

Rechne!

Z E: 1 5 = 10 +	Z E: 1 8 = 10 +
Z E: 1 2 = 10 +	Z E: 1 6 = 10 +
Z E: 1 9 = 10 +	Z E: 1 1 = 10 +

Löse die Rechnungen und zeige dem Tiger den Weg zum Knochen.

10 + 5 =	10 + 4 =	10 + 8 =
10 + 3 =	10 + 6 =	10 + 2 =
10 + 1 =	10 + 9 =	10 + 7 =

Zeichne das Ergebnis am Zahlenstrahl ein!
Der Tiger zeigt dir, wie es geht.

11 + 3 = ☐

0 1 2 3 4 5 6 7 8 9 10 11 12 13 14 15 16 17 18 19 20

12 + 4 = ☐

0 1 2 3 4 5 6 7 8 9 10 11 12 13 14 15 16 17 18 19 20

17 + 3 = ☐

0 1 2 3 4 5 6 7 8 9 10 11 12 13 14 15 16 17 18 19 20

16 + 2 = ☐

0 1 2 3 4 5 6 7 8 9 10 11 12 13 14 15 16 17 18 19 20

Das ist eine Rechenblume. Rechne alle Rechnungen aus!

11 + 3 = ☐

Die Lösungen findest du auf Seite 39!

Rechne zusammen und schreibe das Ergebnis in den leeren Stein.

20							
10	10		12	6		11	8
15	4		16	2		17	3
7	11		10	4		14	3

Rechne!

15 = 10 + ___	___ = 10 + 5	14 = 10 + ___	___ = 10 + 4
18 = 10 + ___	___ = 10 + 8	11 = 10 + ___	___ = 10 + 1
17 = 10 + ___	___ = 10 + 7	19 = 10 + ___	___ = 10 + 9
12 = 10 + ___	___ = 10 + 2	16 = 10 + ___	___ = 10 + 6

Löse die Rechnungen und du wirst sehen,
welche Farben das Chamäleon hat.

15 + 5 = ☐

12 + 6 = ☐

13 + 3 = ☐

11 + 4 = ☐

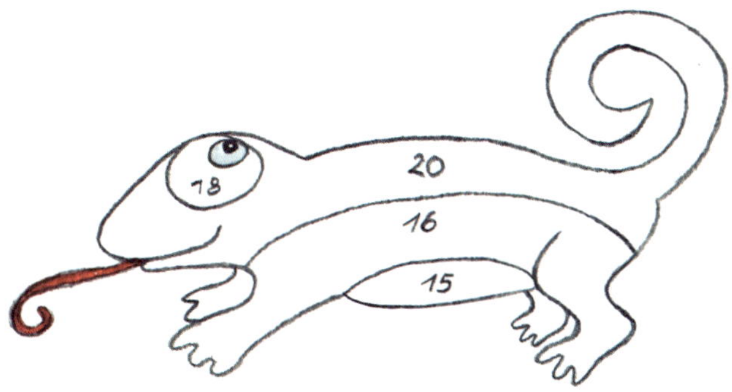

Minusrechnungen am Zahlenstrahl. Mach es wie der Tiger und zeichne das Ergebnis am Zahlenstrahl ein.

14 – 2 = ☐

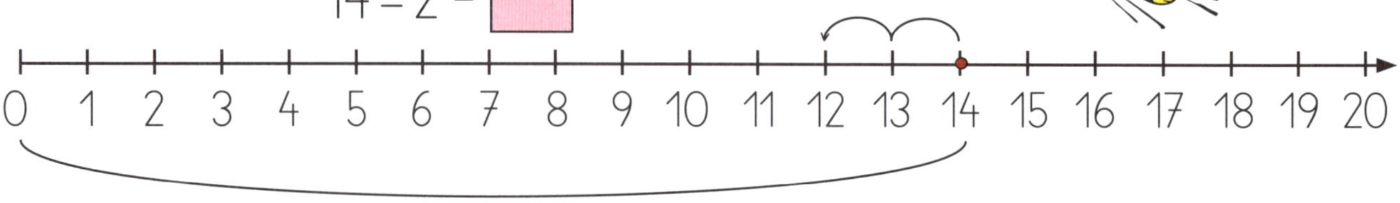

16 – 3 = ☐

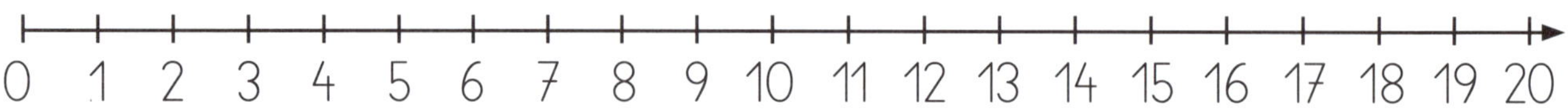

19 – 5 = ☐

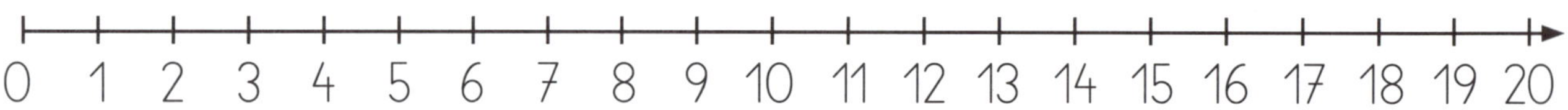

20 – 8 = ☐

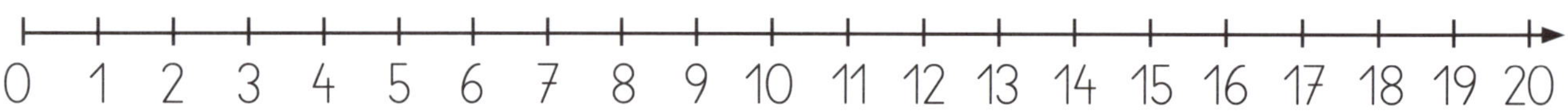

Rechenblume

20 – 8 = ☐

Die Lösungen findest du auf Seite 39!

Rechne im Kreis!

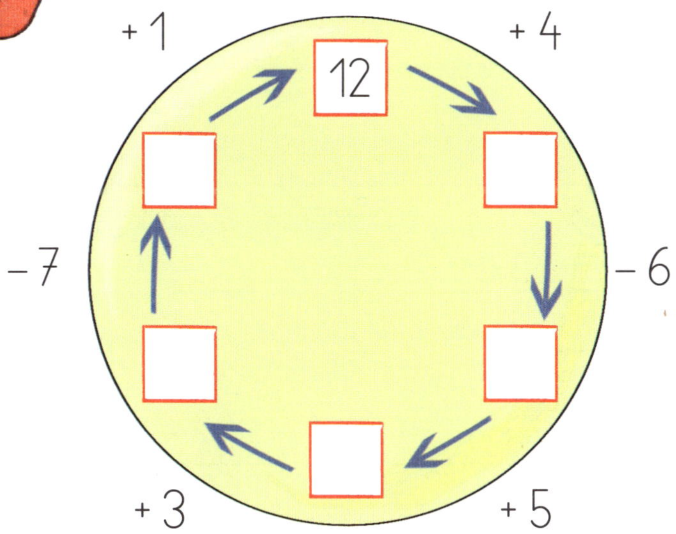

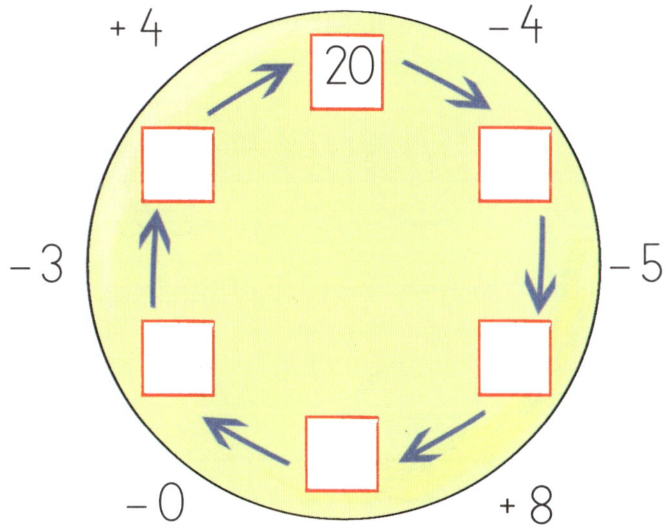

Rechne!

17 – 3 = ☐

14 – 2 = ☐

16 – 4 = ☐

20 – 6 = ☐

13 – 3 = ☐

18 – 4 = ☐

12 – 1 = ☐

19 – 4 = ☐

Kannst du das Rätsel knacken? Achte auf das Rechenzeichen.
Trage die Buchstaben unten bei den Ergebniszahlen ein.

15 + 5 = ☐ T

19 – 4 = ☐ E

16 + 2 = ☐ P

14 – 2 = ☐ I

11 + 5 = ☐ S

13 – 2 = ☐ Z

Das war ☐ ☐ ☐ ☐ ☐ ☐ !

16 18 12 20 11 15

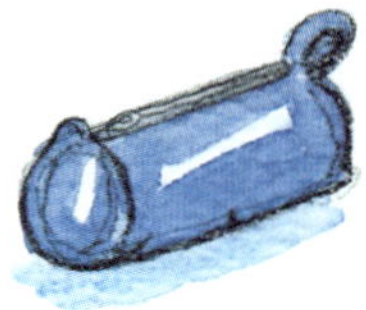

Der sparsame Tiger und das Geld.
Wie viel Euro und wie viel Cent siehst du?

☐ Cent

☐ Cent

☐ Cent

☐ Euro

☐ Cent

☐ Cent

☐ Cent

☐ Euro

☐ Euro

☐ Euro

☐ Euro

Wie viel € sind in den Geldbörsen?

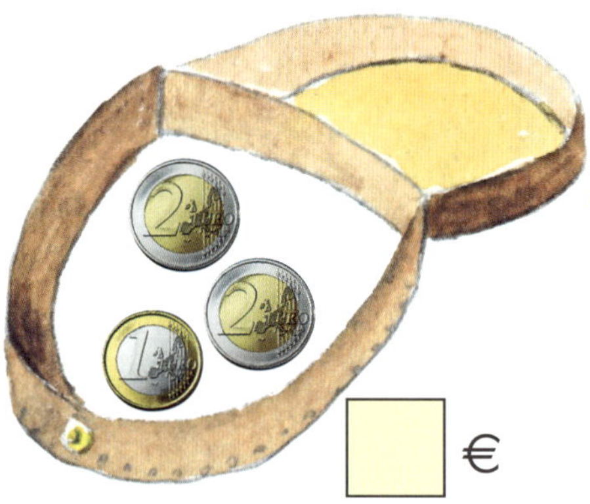

☐ €

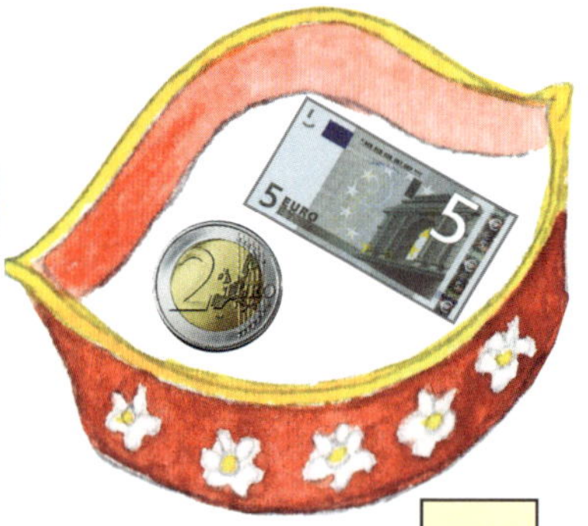

☐ €

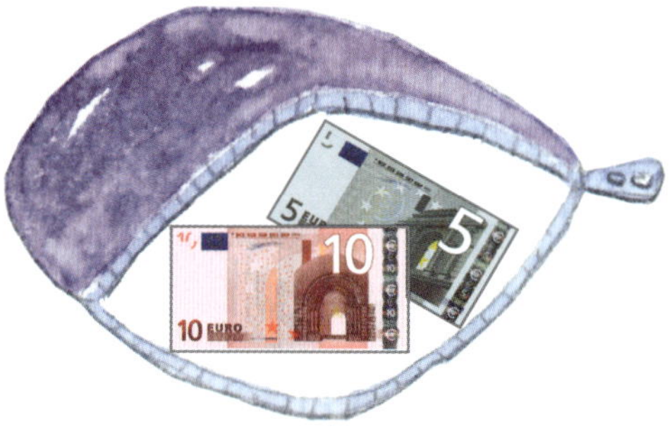

☐ €

Schreibe die Trichterzeile fertig!

€

Der Tiger geht einkaufen.

9 € | 6 € | 2 € | 10 € | 4 € | 7 €

10 € + ☐ € = ☐ €

☐ € + ☐ € = ☐ €

☐ € + ☐ € = ☐ €

Löse die Textbeispiele!

Der Tiger hat ☐ €.

Er kauft ein .

15 € – 4 € = ☐ €

Er hat noch ☐ €.

Der Tiger hat ☐ €.

Er kauft einen .

☐ € – ☐ € = ☐ €

Er hat noch ☐ €.

Der Tiger hat ☐ €.

Er kauft einen .

☐ € – ☐ € = ☐ €

Er hat noch ☐ €.

Der Tiger hat ☐ €.

Er kauft ein .

☐ € – ☐ € = ☐ €

Er hat noch ☐ €.

Immer 1 Kilogramm. Was wiegt noch 1 kg?
Zeichne es daneben.

1 Kilogramm = 1 kg

Streiche durch, was schwerer ist als 1 kg.
Dann kreise alles ein, was leichter ist als 1 kg.

Rechne mit Kilogramm!

3 kg + 2 kg + 4 kg = ___ kg

19 kg – 3 kg – 5 kg = ___ kg

7 kg + 2 kg – 6 kg = ___ kg

20 kg – 3 kg – 7 kg = ___ kg

___ kg + 5 kg = 9 kg

14 kg – ___ kg = 11 kg

Immer 1 Meter. Was ist noch 1 m lang?
Zeichne es daneben.

1 Meter = 1 m

Streiche durch, was länger als 1 m ist.
Dann kreise ein, was kürzer als 1 m ist.

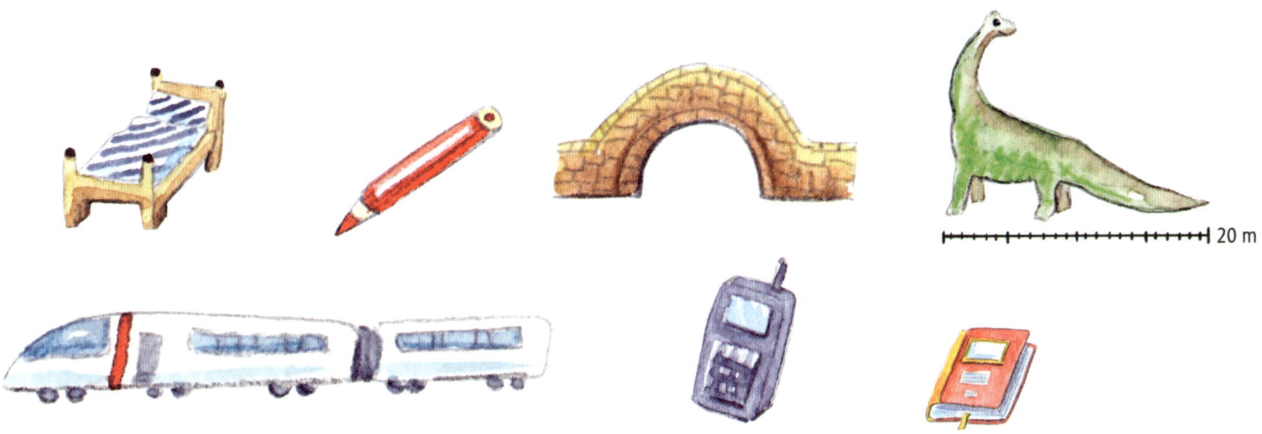

Ordne der Länge nach!
Fang beim Kürzesten an.

16 m, 13 m, 2 m, 11 m, 18 m, 7 m, ~~1 m~~, 9 m

1 m, ______________________________

Fang beim Längsten an.

4 m, 12 m, 3 m, 10 m, 8 m, 14 m, 5 m, ~~15~~ m

15 m, ______________________________

Zehnerüberschreitung

Gehe zuerst zum nächsten Zehner und dann weiter.

8 + 5 = 13
8 + 2 + 3 = 13

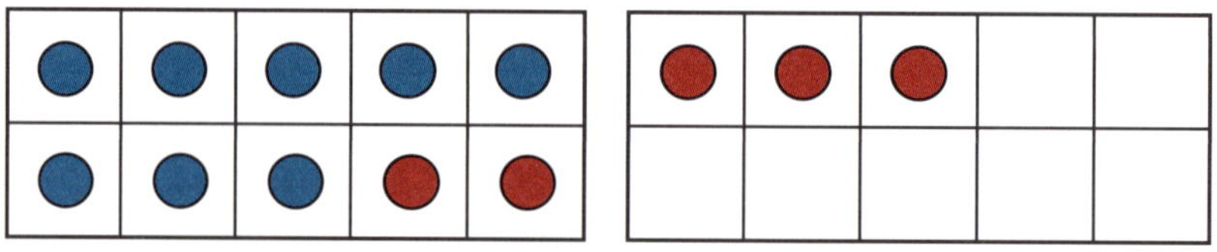

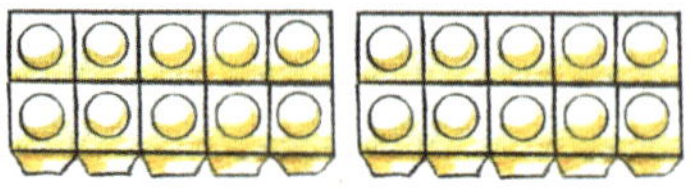

7 + 6 = ____
7 + 3 + 3 = ____

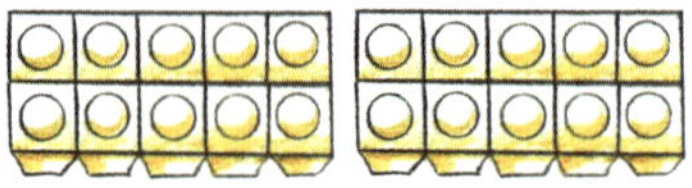

9 + 4 = ____
9 + __ + __ = ____

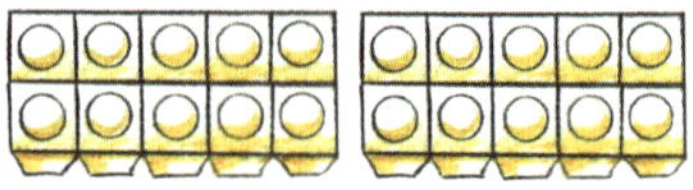

6 + 7 = ____
6 + __ + __ = ____

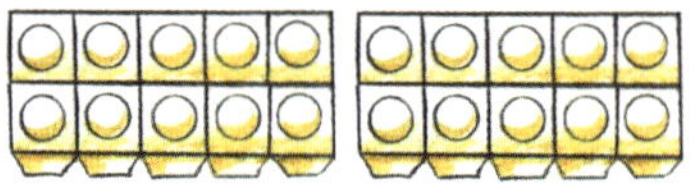

5 + 6 = ____
5 + __ + __ = ____

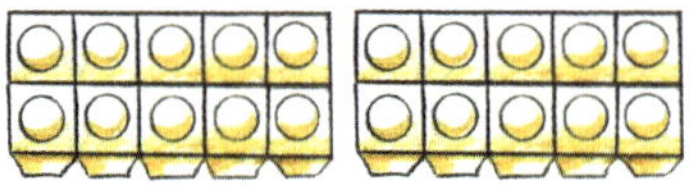

8 + 9 = ____
8 + __ + __ = ____

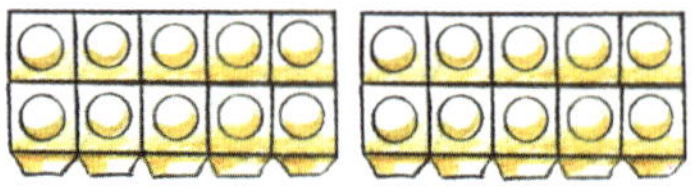

7 + 7 = ____
7 + __ + __ = ____

Rechne!

5 + 8 = ☐ 7 + 8 = ☐ 9 + 9 = ☐

6 + 6 = ☐ 4 + 9 = ☐ 7 + 9 = ☐

9 + 5 = ☐ 8 + 8 = ☐ 4 + 8 = ☐

Löse die Rechnungen im Rechengitter! Lösungen findest du auf Seite 39!

+	2	4	6	8
9	11			
8				
7				
6				

+	3	5	7	9
8				
7				
5				
9				

Der Tiger hat großen Hunger.
Gehe zuerst zurück zum Zehner und dann weiter.

13 – 5 = 8
13 – 3 – 2 = 8

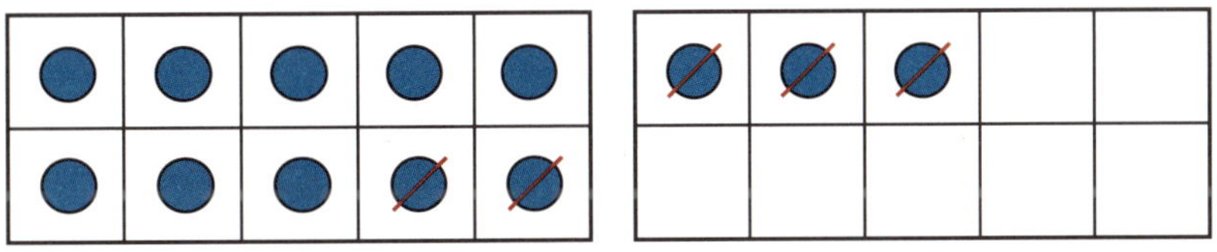

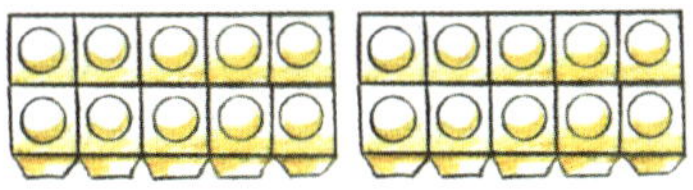

12 – 4 = ____
12 – 2 – 2 = ____

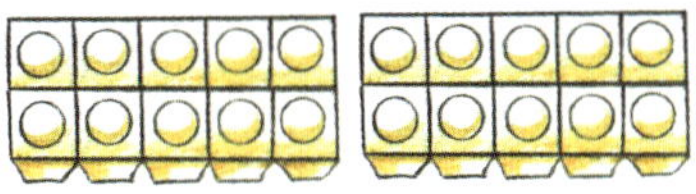

14 – 5 = ____
14 – __ – __ = ____

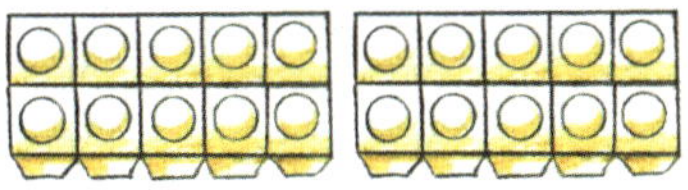

16 – 8 = ____
16 – __ – __ = ____

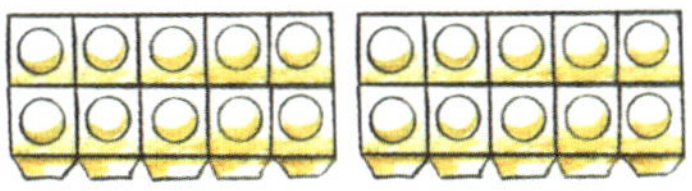

15 – 7 = ____
15 – __ – __ = ____

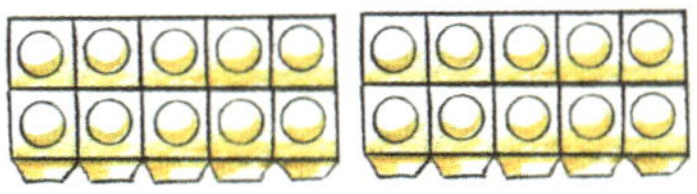

17 – 9 = ____
17 – __ – __ = ____

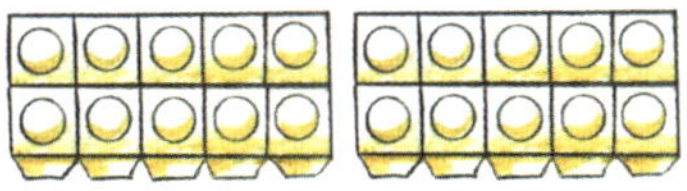

11 – 6 = ____
11 – __ – __ = ____

Rechne!

18 – 9 = ☐ 14 – 6 = ☐ 16 – 9 = ☐
15 – 8 = ☐ 13 – 5 = ☐ 11 – 4 = ☐
17 – 8 = ☐ 12 – 4 = ☐ 15 – 7 = ☐

Löse die Rechnungen im Rechengitter! Lösungen findest du auf Seite 39!

–	5	7	6	4
11	6			
13				
15				
17				

–	7	9	8	6
12				
14				
16				
18				

Der Tiger hat 30 Buntstifte
Schreibe die fehlenden Zahlen bis 30 in die Kästchen!

1 2 3 4 5 6 7 8 9 10   11 12 13 14 15 16 17 18 19 20   21 22 23 24 25 26 27 28 29 30

1	2	3	4	5	6	7	8	9	10
11									
21									

Schreibe die Zahlen von 2 bis 30 der Reihe nach in die Schlange!

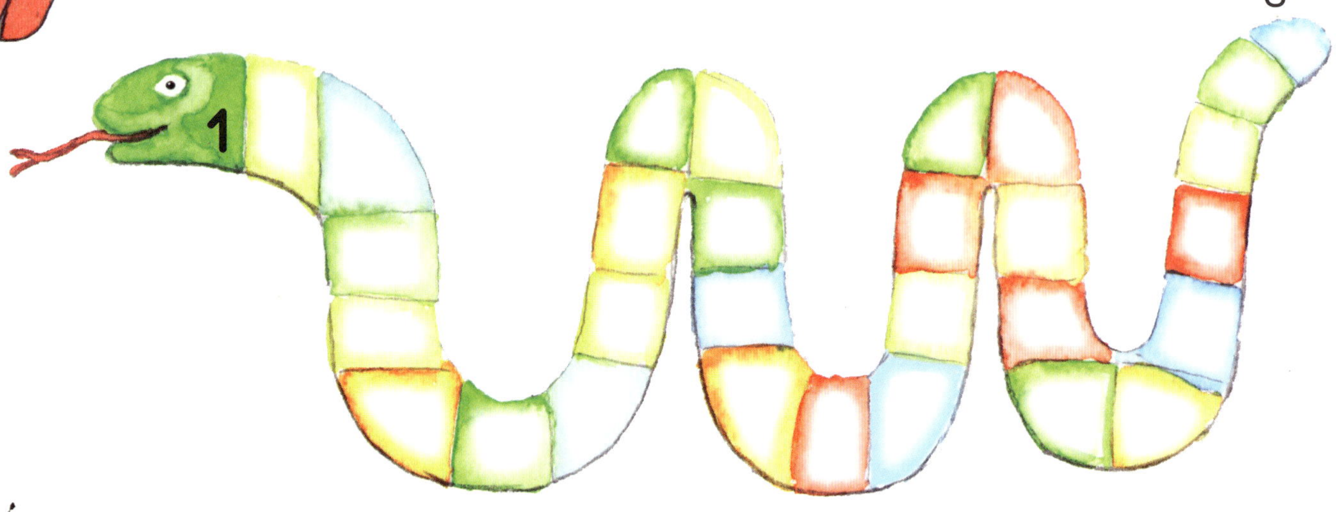

Finde die Zahlennachbarn!

	24	
	29	
13		

		18
	17	
		21

	25	
		11
	19	

Rechne und zeichne ein!

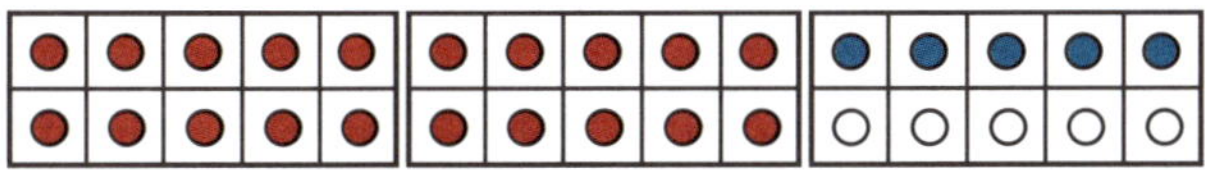

25 = 20 + __

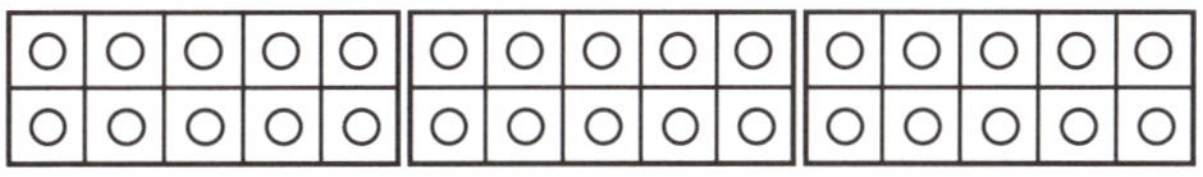

23 = __ + __

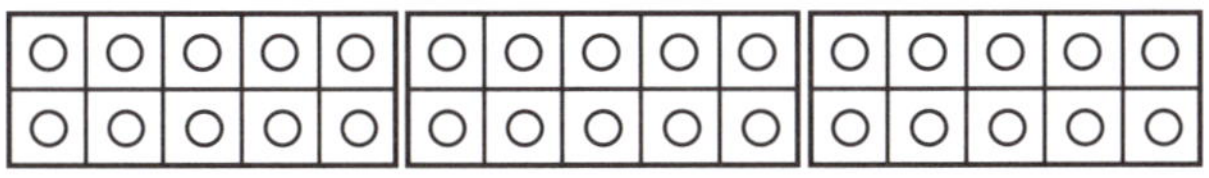

27 = __ + __

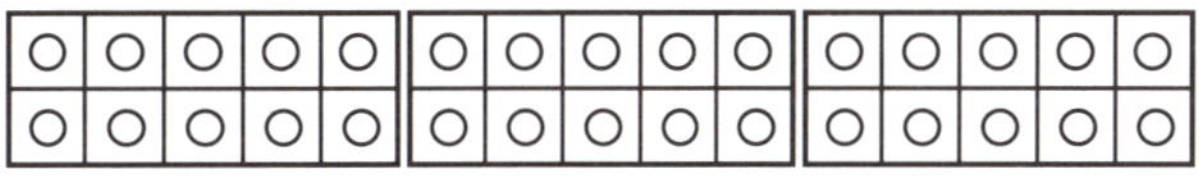

29 = __ + __

Rechne und achte auf das Rechenzeichen!

20 + 5 = ☐	20 + 3 = ☐	20 + 9 = ☐
20 + 8 = ☐	20 + 6 = ☐	20 + 7 = ☐
30 – 5 = ☐	30 – 6 = ☐	30 – 7 = ☐
30 – 0 = ☐	30 – 4 = ☐	30 – 9 = ☐

Rechne!

7 + 2 = ☐	4 + 3 = ☐	8 + 2 = ☐
17 + 2 = ☐	14 + 3 = ☐	18 + 2 = ☐
27 + 2 = ☐	24 + 3 = ☐	28 + 2 = ☐

7 – 4 = ☐	9 – 6 = ☐	6 – 5 = ☐
17 – 4 = ☐	19 – 6 = ☐	16 – 5 = ☐
27 – 4 = ☐	29 – 6 = ☐	26 – 5 = ☐

Immer 1 Liter. Wo passt noch 1 Liter hinein?
Zeichne es daneben.

1 Liter = 1 l

Streiche durch, wo mehr als 1 Liter drinnen ist.
Dann kreise ein, wo weniger als 1 Liter hineinpasst.

Rechne mit Litern!

16 l + 3 l = ☐ l	29 l – 8 l = ☐ l	7 l – 7 l = ☐ l
27 l + 3 l = ☐ l	24 l – ☐ l = 17 l	9 l + ☐ l = 16 l
30 l – 5 l = ☐ l	☐ l + 6 l = 14 l	☐ l + 3 l = 11 l

Der Tiger und die Uhr

1 Stunde = 1 h | **1 Tag = 24 Stunden**

 Ich zeige die Stunden an.

 Ich zeige die Minuten an.

Welche Tageszeit magst du am liebsten? Kreise sie ein!

6 Uhr	10 Uhr	12 Uhr	15 Uhr	20 Uhr	24 Uhr
Morgen	Vormittag	Mittag	Nachmittag	Abend	Mitternacht

Wie spät ist es auf den Uhren?

_____Uhr/_____Uhr

_____Uhr/_____Uhr

_____Uhr/_____Uhr

_____Uhr/_____Uhr

_____Uhr/_____Uhr

_____Uhr/_____Uhr

_____Uhr/_____Uhr

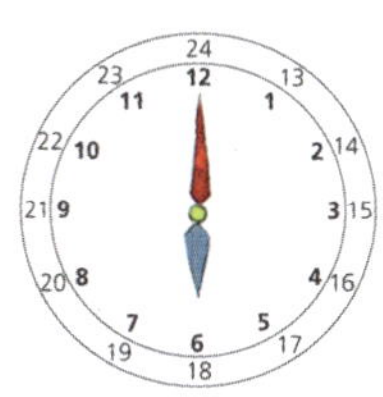
_____Uhr/_____Uhr

Erzähle diese Rechengeschichte.
Wie viele Geschenke sind dazugekommen?

$4 + \square = \square$

Was passiert in den Bildern? Erzähle und rechne!

$10 - \square = \square$

Schreibe die Rechengeschichte auf!

$\square - \square = \square$

Schreibe selbstständig die passende Rechnung auf.

Schaue dir diese Rechengeschichte an und
schreibe die Rechnung auf die Linie.

Erfinde selber eine Rechengeschichte. Zeichne und rechne!

Mach es wie der Tiger und ...

springe 3 Mal hoch!

berühre deine Zehen und strecke dich dann!
Mach das 4 Mal!

klatsche 2 Mal in die Hände!

Wie oft siehst du die Äpfel?

___ Mal

___ Mal

___ Mal

___ Mal

___ Mal

___ Mal

___ Mal

___ Mal

Malrechnen!

2 + 2 + 2 = 6
3 mal 2 = 6
3 · 2 = 6

·

2 + 2 + 2 + 2 = ___
___ · 2 =

4 + 4 + 4 = ___
___ · 4 = ___

3 + 3 + 3 = ___
___ · 3 =

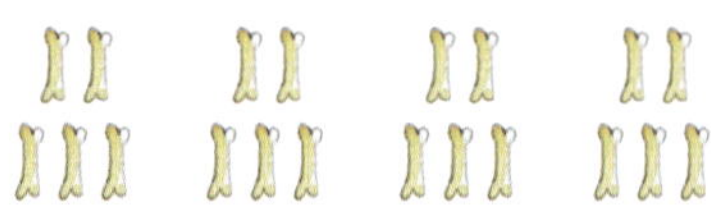

5 + 5 + 5 + 5 = ___
___ · 5 = ___

Der Tiger teilt gerecht mit den Kindern.
Wie viel bekommt ein Kind?

:

6 geteilt durch 3 = 2
6 : 3 = 2

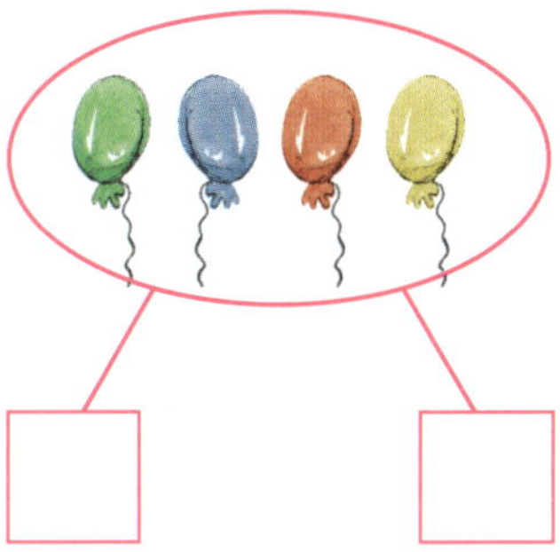

4 : 2 = __

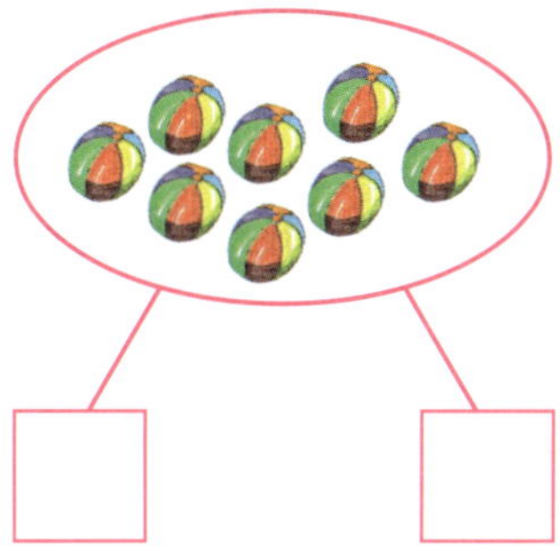

8 : 2 = __

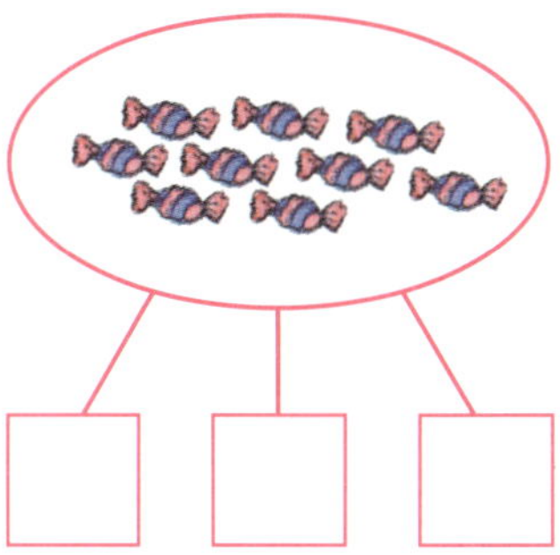

9 : 3 = __

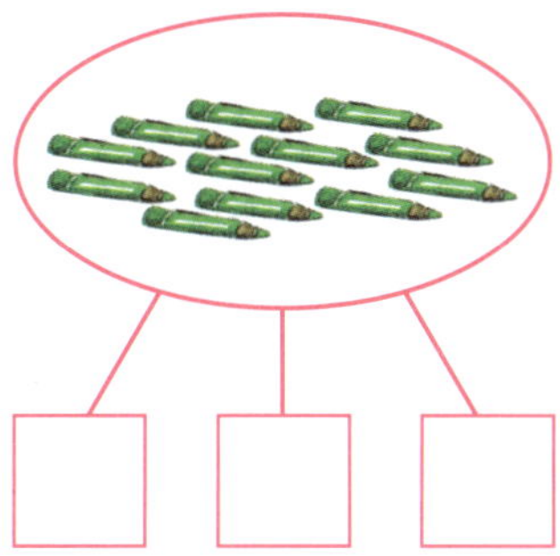

12 : 3 = __

Teile selbstständig und rechne!

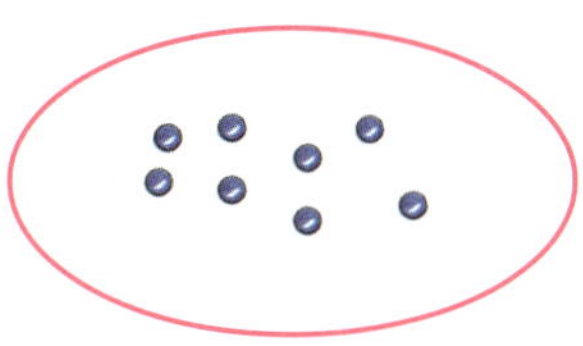

8 : 4 = __

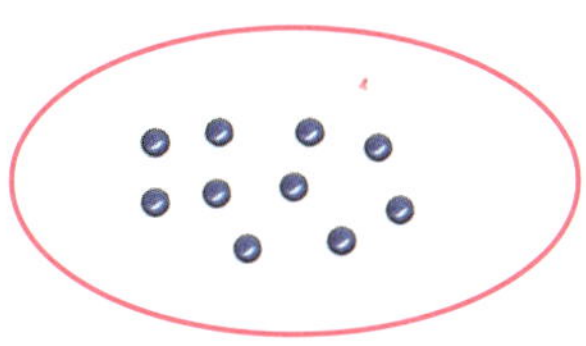

10 : 2 = __

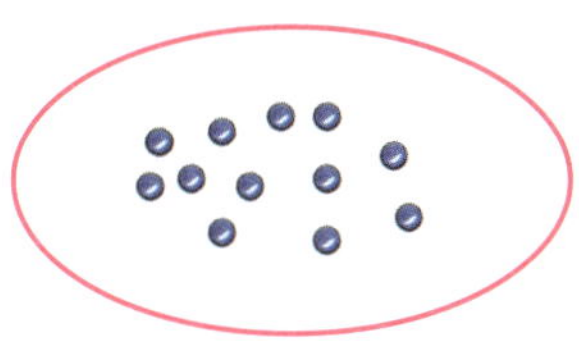

12 : 4 = __

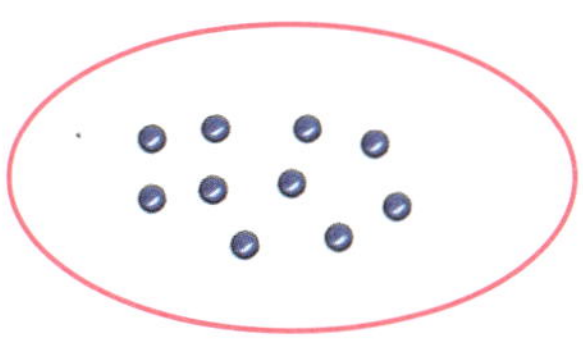

10 : 5 = __

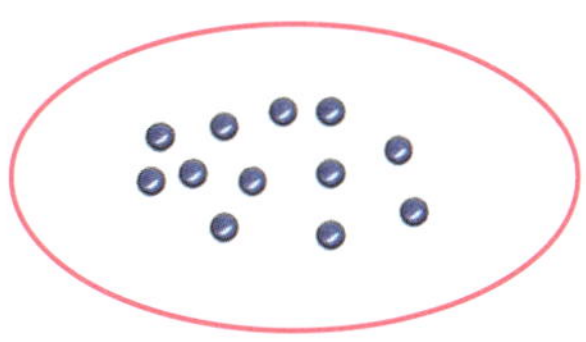

12 : 6 = __

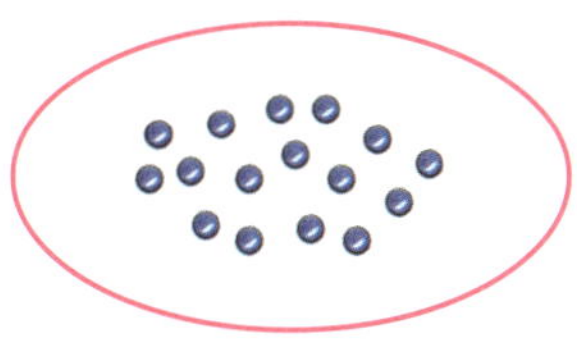

16 : 4 = __

Rechengeschichte zum Üben!

Simon und Clara spielen mit Bausteinen.
Wie viele Steine hat Clara? ___
Wie viele Steine hat Simon? ___
Wie viele Steine haben sie zusammen?

□ + □ = □

Zusammen haben sie □ Bausteine.

Löse diese Rechengeschichte!
Auf dem See sind ___ Schiffe.
An Land sind __ Schiffe.
Wie viele Schiffe sind auf dem Bild?

□ + □ = □

Es sind □ Schiffe auf dem Bild.

Erzähle diese Rechengeschichte und schreibe die Rechnung auf!

Sarah hat 15 Luftballone gekauft.
__ Luftballone fliegen ihr davon.
Wie viele Luftballone hat sie noch?

□ – □ = □

Sie hat noch □ Luftballone.

Zum Üben!

Ergänzungsschlangen

Schreibe die Zahlen der Reihe nach. 10, 20, 30, 40, 50, 60, 70, 80, 90, 100!

Trage ein > < =

30 ☐ 60 | 70 ☐ 100 | 100 ☐ 90

20 ☐ 10 | 80 ☐ 80 | 50 ☐ 30

50 ☐ 60 | 40 ☐ 20 | 60 ☐ 60

Ergänze!

30	
10	
	30
20	

70	
40	
	20
10	

100	
50	
	70
60	

Rechne!

70 – 50 = ☐ **R** | 100 – ☐ = 50 **M** | 60 – 20 = ☐ **T**

30 + 30 = ☐ **E** | 0 + ☐ = 80 **S** | 10 + 20 = ☐ **I**

Übung macht den ___ ___ ___ ___ ___ ___ ___!

50 60 30 80 40 60 20

Lösungen

Seite 18

Das ist eine Rechenblume. Rechne alle Rechnungen aus!

11 + 3 = 14	11 + 2 = 13
11 + 5 = 16	11 + 8 = 19
11 + 1 = 12	11 + 9 = 20
11 + 6 = 17	11 + 7 = 18

Seite 20

Rechenblume

20 – 8 = 12	20 – 5 = 15
20 – 9 = 11	20 – 1 = 19
20 – 7 = 13	20 – 6 = 14
20 – 3 = 17	20 – 2 = 18

Seite 26

Löse die Rechnungen im Rechengitter!

Linkes Rechengitter:

9 + 2 = 11	7 + 2 = 9
9 + 4 = 13	7 + 4 = 11
9 + 6 = 15	7 + 6 = 13
9 + 8 = 17	7 + 8 = 15
8 + 2 = 10	6 + 2 = 8
8 + 4 = 12	6 + 4 = 10
8 + 6 = 14	6 + 6 = 12
8 + 8 = 16	6 + 8 = 14

Rechtes Rechengitter:

8 + 3 = 11	5 + 3 = 8
8 + 5 = 13	5 + 5 = 10
8 + 7 = 15	5 + 7 = 12
8 + 9 = 17	5 + 9 = 14
7 + 3 = 10	9 + 3 = 12
7 + 5 = 12	9 + 5 = 14
7 + 7 = 14	9 + 7 = 16
7 + 9 = 16	9 + 9 = 18

Seite 27

Löse die Rechnungen im Rechengitter!

Linkes Rechengitter:

11 – 5 = 6	15 – 5 = 10
11 – 7 = 4	15 – 7 = 8
11 – 6 = 5	15 – 6 = 9
11 – 4 = 7	15 – 4 = 11
13 – 5 = 8	17 – 5 = 12
13 – 7 = 6	17 – 7 = 10
13 – 6 = 7	17 – 6 = 11
13 – 4 = 9	17 – 4 = 13

Rechtes Rechengitter:

12 – 7 = 5	16 – 7 = 9
12 – 9 = 3	16 – 9 = 7
12 – 8 = 4	16 – 8 = 8
12 – 6 = 6	16 – 6 = 10
14 – 7 = 7	18 – 7 = 11
14 – 9 = 5	18 – 9 = 9
14 – 8 = 6	18 – 8 = 10
14 – 6 = 8	18 – 6 = 12

Ich hab den Durchblick 1
Rechtschreiben 1. Klasse

Die Grundlagen des Rechtschreibens in der Volksschule
nach dem **österreichischen Lehrplan**

Die wichtigen ersten Schritte in der Rechtschreibung werden hier methodisch mit einfachen „Tiger-Schritten" gegangen:

- lesen
- nachspuren
- ausschneiden
- vermischen
- ordnen
- aufkleben

In der Beilage zum Buch sind die wesentlichen Lernwörter enthalten,
können ausgeschnitten und im Buch aufgeklebt werden!
Dann folgt die wichtige Übungsphase auf Schreibzeilen in der Fibeldruckschrift.
Silbenklatschen, kurze Sätze bilden, Wortnetze merken und die Mehrzahl bilden,
das alles prägt die richtige Rechtschreibung ein – und gibt dem Kind den Durchblick!

Katja Havlicek
Ich hab den Durchblick 1 – Rechtschreiben
1. Klasse Volksschule

40 Seiten,
21 x 29,7 cm, kartoniert
4-farbig illustriert von Katrin Wolff
ISBN 978-3-7074-1152-2